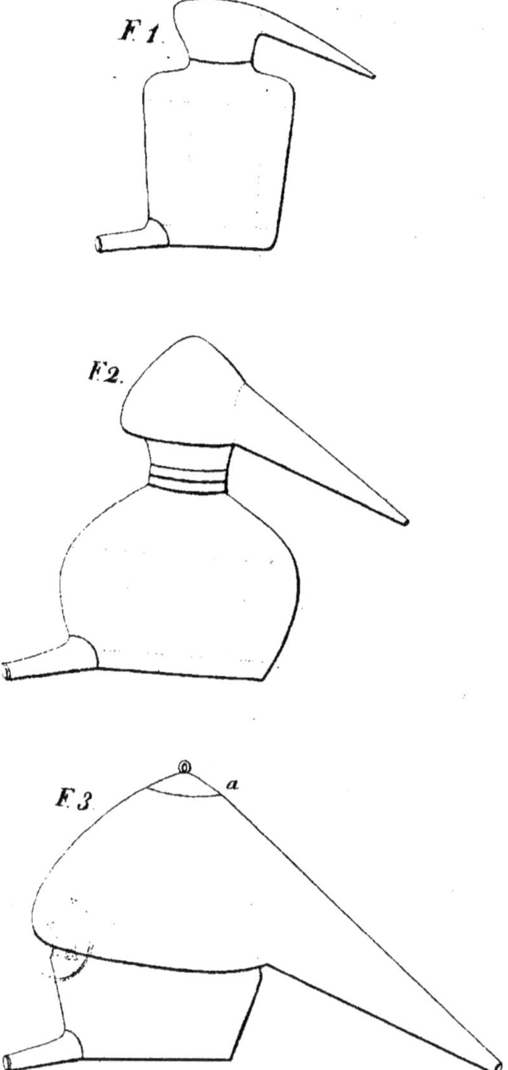

F.1.
F.2.
F.3.
a

NOTICE

SUR LA CULTURE DU PIN MARITIME DANS LES LANDES, ET SUR LA FABRICATION DES PRODUITS APPELÉS MATIÈRES RÉSINEUSES,

Par Hector SERRES, *correspondant de la Société Linnéenne de Bordeaux.*

Avant-Propos.

A une époque où, poussés dans leur marche rapide par les secours qu'ils reçoivent sans cesse de l'application des théories physiques qui leur sont propres, tous les arts tendent à la perfection, j'ai conçu l'espoir de mettre sur la voie des améliorations celui qui intéresse au plus haut degré le pays où j'ai pris naissance, en expliquant les principes sur lesquels il repose.

Bien qu'il compte dans les Landes des siècles d'existence, l'art de préparer les matières résineuses y est encore généralement abandonné à une routine qui ne s'égare quelquefois que pour tomber dans des innovations qui ne sont pas moins dangereuses. La culture du pin a aussi ses erreurs, et il n'importe pas moins de les signaler.

Néanmoins, qu'on ne s'attende pas à lire un traité complet de la culture et de la fabrication; car un semblable travail dépasserait nos forces, et nous n'aurions de long-temps encore la témérité de l'entreprendre. Cette faible notice, résumé de quelques observations et d'expériences consciencieuses, spécialement destinée aux cultivateurs et aux fabricans, n'est tout au plus qu'un appel à des connaissances plus étendues et plus positives que les nôtres. Espérons que ce cri sera entendu, et que quelqu'un de nos compatriotes, mû par le sentiment qui nous anime , remplira cette tâche de manière à bien mériter du pays ; car c'est à augmenter son bien-être que tendent nos efforts.

Quelques mots d'introduction.

Parmi les neuf ou dix espèces de pins dont la nature parait avoir doté la France, la plus intéressante à mes yeux , sous le rapport de la culture , par l'utilité et l'importance des produits qu'elle fournit au commerce , aux arts , à l'économie domestique et manufacturière, est le pin maritime, arbre qui couvre de ses immenses forêts une partie des terres comprises entre Bayonne et Bordeaux.

Cet arbre , que l'on reconnaît aisément à ses branches un peu étalées , à son écorce sillonnée ou crevassée de couleur grisâtre, un peu rouge sur les jeunes branches ; à ses feuilles lisses , d'un vert foncé , longues de cinq à sept pouces dans leur parfait développement , et sortant deux ensemble d'une gaine scarieuse, frangée , ridée , longue de quatre à six lignes , et formées de folioles embriquées ; à ses cônes d'une grosseur médiocre , alongés , jaunes dans leur jeunesse , bruns quand ils approchent de la maturité ; cet arbre , dis-je , est devenu une source de prospérité pour une contrée pauvre en apparence , et qui excite la compassion d tous les étrangers qui daignent penser qu'il y a , dans un coin de la Guienne , un vaste désert auquel on a donné le nom de département des Landes.

Le pin maritime parait indigène de cette contrée : le littoral est sa patrie. Il se propage de lui-même dans toutes les Landes, et l'origine de sa culture se perd dans la nuit de temps. Les pins fossiles des dunes , et, plus que cela encore , la découverte qui fut faite il y a deux ans de troncs d'arbres gisant à plusieurs pieds de profondeur, recouverts de tourbes de trente pouces de puissance, et offrant les traces d'incisions semblables à celles que l'on fait aujourd'hui pour obtenir la résine, attestent sa haute antiquité.

Notre but étant de décrire la culture du pin, les procédés de fabrication des matières résineuses, de signaler les vices attachés à l'une et l'autre, et surtout de proposer aux fabricans quelques modifications, soit à la forme de l'appareil, soit aux procédés généralement suivis, nous ne nous arrêterons pas à de vaines conjectures sur un sujet fort intéressant sans doute, mais n'ayant aucun avantage réel, et nous tracerons immédiatement la première ligne du plan que nous venons de nous proposer.

Première Partie.

Ensemencement.

1. On obtient souvent de belles forêts de pins sans avoir pris la peine de répandre la semence, mais je ne crois pas qu'il faille toujours s'en réjouir. Cependant, lorsqu'on veut convertir en pignadar (1) une étendue quelconque de terre inculte, on a, comme on le pense bien, recours à l'ensemencement. Il y a plusieurs manières d'ensemencer ; mais le moyen le plus économique sera toujours le meilleur : car la facilité avec laquelle la graine de cette espèce germe et se développe dans les Landes, dispense de toute sérieuse précaution ; ainsi, soit qu'on répande la semence en la jetant, comme cela se pratique pour quelques céréales, soit qu'on la laisse tomber dans des sillons parallèles sur lesquels on passe ensuite la herse, ou bien qu'on la mette dans des

---

(1) Dans les Landes, on nomme *pignadar* ou *pignada* les forêts de pin appelées ailleurs piniéres, sapiniéres, etc.

trous que l'on fait de distance en distance avec le pied armé d'un sabot , et qu'on la recouvre immédiatement, on obtient toujours un heureux résultat.

2. L'ensemencement par le premier procédé est plus particulièrement mis en usage dans la partie des Landes où cet arbre prend plus d'accroissement, et où il fournit un produit plus abondant que partout ailleurs , c'est-à-dire dans celle qui avoisine la mer. Dans d'autres parties du département, où il importe , sinon d'épargner la semence , de remédier du moins par quelques précautions à la situation moins favorable du terrain , les cultivateurs ont souvent recours au dernier moyen. D'ailleurs, lorsqu'on a abattu une forêt , il suffit d'écarter les troupeaux du terrain qu'elle occupait pour voir une nouvelle forêt s'élever insensiblement , promettre de remplacer celle que la hache a détruite , et destinée à subir le même sort peut-être un siècle avant le vœu de la nature. (Ces derniers mots expliquent la phrase énigmatique échappée à notre plume au début de ce chapitre.)

3. Dans les dunes, l'inconstance des sables oblige à d'autres précautions ; ainsi, on est dans l'usage, afin de le fixer un peu , de couvrir de broussailles les parties qu'on veut ensemencer. Après cette disposition préliminaire, on répand la graine , préalablement mêlée avec celle d'un genêt qui , ayant la faculté de germer et de se développer la première , ajoute encore à la solidité du terrain , assure le repos de l'autre , et contribue particulièrement au succès de l'opération. Plus tard , plante développée, elle protégerait les pins naissans contre l'ardeur du soleil , s'il était nécessaire de les mettre à l'abri de ses rayons.

3. Il y en a qui circonscrivent par un fossé , afin d'en interdire l'approche aux troupeaux, le semis ou la forêt renaissante ; mais ce moyen est très-coûteux et n'est pas plus

efficace que celui qui est particulièrement mis en usage en Marancin (1) : il consiste dans l'emploi de poteaux faits avec des tiges de jeunes pins placées de distance en distance tout autour du semis. Ces poteaux sont surmontés d'une petite botte ou bourrée de paille : c'est un signe convenu ; tous les bergers savent lire cet écriteau ; les forêts naissantes n'ont pas de meilleure sauve-garde, et un fossé de six pieds de largeur ne les mettrait pas mieux à l'abri de la dent meurtrière de la brebis, friande à l'excès de leurs jeunes pousses.

5. Comme toutes les graines ne germent pas en même temps, ce ne sont d'abord que des touffes répandues çà et là ; d'autres viennent, un ou deux ans après, se joindre aux premières, et leur ensemble prend un aspect régulier qui n'est interrompu, de distance en distance, que par des sujets plus élevés que la masse générale : c'est l'image de toutes les sociétés.

Premier éclaircissage.

6. Huit ou dix ans s'écoulent sans que le cultivateur juge à propos de donner au semis d'autres soins que celui que nous venons d'indiquer ; encore cette attention est-elle en grande partie l'affaire de ces bergers nomades qui traversent les landes dans tous les sens, et c'est sous la sauve-garde de leur respect pour la propriété qu'on abandonne ces terrains immenses qui se couvrent d'une végétation riche d'espérances pour les générations futures. A l'expiration de ce terme, les pins ont ordinairement de cinq à six pieds de

---

(1) Le Marancin est la partie des Landes qui comprend particulièrement les cantons de Castets et de Soustons.

hauteur, et déjà, depuis trois ou quatre ans, la plupart entrecroisent leurs branches et s'opposent à leur accroissement réciproque : il est temps enfin de procéder à l'éclaircissage. Cette opération est des plus importantes, et a, par la manière dont elle est conduite, une grande influence sur l'avenir de la forêt : elle consiste à couper au ras de terre tous les sujets qui s'opposent à l'accroissement de leurs plus proches voisins, à favoriser ou épargner, autant que cela se peut, les plus beaux et ceux qui sont d'une jolie venue, mais à détruire sans ménagemens, dût-on laisser de vastes clairières, tous ceux qui sont rabougris ou inclinés, parce que dans ce cas, peu fréquent sans doute, on peut avoir recours à la transplantation pour repeupler ces parties. Au lieu de couper au ras du sol ou un peu au-dessous les sujets condamnés, ne vaudrait-il pas mieux, surtout dans les parties de semis voisines des landes, enlever les jeunes pins avec la motte, et profiter des avantages que présente la transplantation ? On agrandirait promptement et à peu de frais l'étendue du pignadar. On objectera peut-être qu'en se pourrissant dans la terre les racines de ceux qu'on a détruits fertilisent le sol et contribuent à la prospérité des autres. Cette allégation, qui pourrait être fondée si elle se rattachait à la culture des végétaux en général, nous paraît ridicule en présence de la végétation vigoureuse dont sont couvertes les dunes et les autre terrains siliceux qui semblent condamnés à la stérilité, et où le pin maritime se développe d'une manière qui tient du prodige. Cette raison ne peut donc dispenser de suivre le conseil que nous hasardons.

7. On a remarqué qu'après ce premier éclaircissage, il restait environ trois cents sujets par hectare de terrain ; ce nombre peut donc servir de règle, si elle n'a déjà été donnée au cultivateur par l'expérience ou l'habitude.

8. Pourquoi n'éclaircit-on pas dès la troisième, ou au moins dès la quatrième année ? Cette opération serait pourtant bien plus facile, et l'avantage qui en résulterait pour ceux qu'on laisserait en place dédommagerait amplement des frais bien minimes de cette première opération, qui ne pourrait dispenser du second éclaircissage quatre ou cinq ans après. Craindrait-on de ne pouvoir encore à cette époque juger de l'avenir plus ou moins heureux de tel ou tel sujet ? Un pareil examen serait en effet aussi difficile que peu important : car celui qui se courbe et rampe peut encore à cet âge, aidé par la souplesse de son tissu, sa propension à la verticale et l'extraction du sujet qui le gêne, se redresser, et effacer toutes les traces d'une direction contre nature, ce qui n'est plus possible quelques années plus tard.

9. On recommande d'éclaircir les semis en hiver, parce qu'alors tous les autres travaux sont suspendus ; en vieille lune, parce que, dit-on, les racines se pourrissant plus vite, permettent aux autres de se diriger et de s'accroître sans obstacle dans tous les sens. Il y en a cependant qui, niant l'influence de cet astre sur la végétation, et peut-être pour ne pas paraître superstitieux aux yeux de personnes qui appellent préjugé tout ce qu'elles ne peuvent comprendre, éclaircissent sans faire attention à la date lunaire. Nous ne toucherons pas directement à une question presqu'insignifiante dans le fait, et qui nous éloignerait de notre sujet sans nous rien enseigner de positif ou de bien utile ; nous dirons seulement que s'il y a préjugé à croire à l'influence de la lune sur les êtres organisés de notre planète, on ne doit pas rougir de l'adopter comme une vérité : car cette croyance a été adoptée, après des siècles d'observation, par les plus grands philosophes de l'antiquité et des temps modernes. Ce qu'on peut admettre comme une vérité irrécusable, c'est que, si la lune a quelqu'influence sur un arbre vivant et vigoureux, elle en aura une bien plus grande sur les racines dont il aura été séparé, parce que, dans cet état de faiblesse et d'agonie, celles-ci n'ayant pas autant de force pour combattre cette influence, seront plus vite emmenées à subir les lois auxquelles les matière brutes sont assujetties, ou, pour parler plus clairement, seront plus rapidement décomposées.

10. Les pins touchent à la dixième année, et peuvent, après cette opération, croître encore pendant dix ou douze ans, sans qu'il soit nécessaire de leur donner des soins. On ne leur accorde pas même la plus légère attention, car ils ne craignent plus l'approche des troupeaux, qui circulent librement dans le semis. La cime des pins est à l'abri de leurs attaques, et, au cas qu'ils pussent les atteindre, il serait peu important qu'ils dévorassent les branches inférieures.

Second éclaircissage.

11. Comme il devient nécessaire, lorsque le semis a atteint vingt ans, de procéder à un second éclaircissage par la raison qui a motivé le premier, et que les pins à cet âge paraissent susceptibles de fournir un peu de résine, on procède de manière à tirer parti de cette faculté; ainsi, au lieu de couper au ras de terre les arbres qu'il importe de détruire, on les taille à ruine pendant trois ou quatre ans (1). Le plus souvent, trois années d'une culture aussi active suffisent pour les épuiser complètement : alors on les abat. Il est

---

(1) Tailler à ruine, c'est fa're trois incisions que l'on poursuit simultanément jusqu'à ce que l'arbre ne fournisse plus assez de résin pour indemniser des frais de ce genre d'exploitation.

très-important, dans ce nouvel éclaircissage, d'agir avec beaucoup de prudence, et de ne pas réduire, en taillant à ruine, les arbres au nombre convenable pour l'établissement du pignadar, parce que, pour bien qu'on apporte du discernement et de l'expérience dans le choix de ceux qu'il faut en exclure, on n'est jamais, ni assez adroit, ni assez heureux pour enlever du premier coup tous ceux qui peuvent le déparer; il faut donc se ménager la faculté d'y revenir pour y apporter la dernière main.

12. Enfin, les pins vont bientôt approcher de l'âge où ils peuvent en général, sans danger pour leur conservation, répandre au-dehors leur sève élaborée. C'est en attendant cette époque que le cultivateur doit faire disparaître, autant que cela se peut, tout ce qui pourrait le distraire plus tard d'un travail régulier : ainsi, abattre un arbre trop incliné, trop rapproché d'un autre, ou bien chétif ou rabougri, ne sont pas des opérations indifférentes.

Extraction de la résine.

13. C'est lorsque la forêt a atteint trente ans (dans les bons terrains), qu'on commence à extraire la résine; alors, à une hauteur de cinq ou six pieds au-dessus du sol, les arbres ont de trois à quatre pieds de circonférence. Le gemier (1) connaît qu'un pin peut subir l'opération nécessaire à l'extraction de la résine, lorsqu'en l'embrassant avec son bras gauche il aperçoit à peine, en regardant à droite, l'extrémité de ses doigts.

14. L'opération est fort simple, et personne n'ignore que

---

(1) On donne le nom de gemier à l'ouvrier qui exploite le pin dans le but d'en extraire la résine.

c'est par une incision faite au tronc de l'arbre, en commençant par le bas et en l'élevant tous les huit jours d'une étendue sujette à beaucoup de variations, qu'on obtient la résine. Tout le monde sait également que la partie tranchante de la hache dont on se sert est en forme de gouge, et qu'on n'élève jamais l'incision au-dessus de quinze pieds ; mais ce que beaucoup de cultivateurs paraissent ignorer, ce sont les précautions que cette opération mérite.

15. C'est pendant le mois de janvier et de février particulièrement que le gemier enlève une portion de l'écorce dans la partie de l'arbre qu'il veut inciser. Cette demi-décortication s'étend dans tous les sens, et dépasse souvent de plusieurs pieds en dessus la place réservée à l'incision. Cette opération préliminaire n'a pas pour but, comme quelques-uns pourraient être portés à le croire, de déboucher les pores de l'écorce afin de faciliter la sortie et l'écoulement de la résine (1) : car cette partie de l'arbre n'en contient pas un atôme, et n'a d'ailleurs aucune communication avec les parties qui la contiennent. Il est plus naturel de supposer que cette opération a pour but unique de préparer l'arbre à l'action de la hache, qui, rencontrant alors moins d'obstacles, et tombant sur une surface unie, pénètre d'une manière plus assurée dans le bois, y produit une incision franche, sur laquelle le gemier ne revient que parce qu'elle manque d'étendue ou de profondeur.

16. Les habitans des Hautes-Landes me pardonneront si je dis que ceux du Marancin, favorisés d'ailleurs dans cette

---

(1) Opinion exprimée dans un mémoire inséré dans le supplément du *Journal de l'Académie d'industrie agricole, manufacturière et commerciale*, n. 1 à 4.

culture par des circonstances qu'il n'appartient pas aux hommes de reproduire , y apportent un peu plus de discernement ; on en jugera par la comparaison. Il n'y a nulle part , dans le département, des forêts comparables , pour tout ce qui fait le mérite de cet arbre , à celles de Linxe , Saint-Michel, Messanges , Léon , etc. Ce n'est pas que les cultivateurs de ces contrées ne fassent, comme dans les autres parties des landes, de fréquentes incisions : ils procèdent en cela avec la même régularité ; mais aussi n'élèvent-ils l'incision générale de douze ou quinze pieds que dans l'espace de quatre ans , tandis que les autres inciseront la moitié de cette étendue dans une année. On peut juger par cela seul du développement et de la durée des arbres chez les uns et chez les autres.

17. C'est du côté où le tronc est le plus développé qu'il faut faire la première incision. On a remarqué que c'était toujours du côté du midi , à moins que l'arbre ne fût penché d'un autre , que ce développement existait. Est-il nécessaire de dire que c'est cette partie qui offre le plus de succès à l'extraction de la résine , et que , pendant qu'elle est incisée pour la répandre au-dehors , les autres peuvent prendre de l'accroissement et présenter plus tard le même avantage ?

18. Nous sommes parvenus à un point où le rôle de narrateur deviendrait trop pénible , car cette partie de la culture varie pour chaque localité ; par conséquent , au lieu de raconter ce qui se pratique dans tel et tel lieu , je vais essayer d'expliquer ce que je crois convenable de faire. Expliquons d'abord , afin d'être mieux compris, comment la sève pénètre dans l'intérieur de l'arbre pour le nourrir et lui donner la faculté de produire la résine.

19. La sève est absorbée dans le sein de la terre par les

racines, qui semblent, à en juger par les résultats, munies
de suçoirs mobiles et très-puissans ; elle circule dans toutes
les parties de l'arbre, mais c'est plus particulièrement par
l'aubier qu'elle s'élève et qu'elle se distribue à droite et à
gauche pour pénétrer dans les branches ; ce n'est que lorsqu'elle est parvenue aux feuilles que sa nature change et
qu'elle acquiert de nouvelles qualités. Enfin, elle prend
une marche rétrograde, et descend des feuilles vers la ra-
cine, en passant surtout par les parties les plus voisines de
l'écorce. Il faut admettre aussi que la masse ou tronc de
l'arbre est formée par l'agrégation de tubes continus qui
suivent l'inclinaison de l'arbre, et dans lesquels la sève
circule.

20. Cette théorie démontre clairement qu'il n'est pas nécessaire, pour obtenir la résine, que les incisions soient très-
profondes, ni même autant qu'elles le sont en général. Ce
n'est pas qu'on n'obtienne plus de résine en incisant profon-
dément ; nous convenons que le produit est un peu plus
considérable ; mais il ne faut pas croire qu'il soit proportionnel à la profondeur de la plaie : il diminue au contraire pour
chaque coupe d'aubier à mesure qu'on avance vers le centre.
Cette faible augmentation du revenu dédommage-t-elle donc
de l'inconvénient qu'il y a à faire sur de jeunes pins des incisions profondes ou qui atteignent le bois ? Qu'on en juge
par ceci : le tronc d'un arbre ne peut plus grossir dans le
sens de la partie qui est dépourvue d'aubier, car c'est aux
dépens de celui-ci que le bois se forme ; en effet, chaque
année, une couche d'aubier est convertie en une couche de
bois. Cette partie demeure donc stationnaire, et voici ce qui
arrive : les autres parties grossissent ; les bords de l'incision participent au progrès du tronc, et creusent, en se dé-
veloppant, un sillon profond qui semble disparaître avec

le temps; mais cette cicatrisation apparente ne pouvant s'effectuer d'une manière régulière, elle se fait d'abord sur plusieurs points qui forment des étages propres à retenir l'eau des pluies , qui y tombe , en effet, pour n'en plus sortir : de là le dépérissement , de là les maladies et la mort. Si , au contraire , on n'enlève que les premières couches de l'aubier , la vie pénètre encore par les parties respectées ; le tronc prend un accroissement considérable qui permet d'y faire de nombreuses incisions sans les trop rapprocher les unes des autres ; l'arbre fournit pendant plus de cent ans un produit mieux élaboré , et à peu près aussi abondant que par le procédé des incisions profondes. Nous croyons qu'il serait plus prudent de faire marcher en même temps deux incisions opposées qui n'attaqueraient qu'une partie de l'aubier, qu'une seule qui pénétrerait jusqu'au bois ; on obtiendrait beaucoup plus de matière, l'arbre ne serait pas plus affaibli , et on se réserverait la faculté de revenir facilement sur les vieilles incisions lorsqu'on aurait fait le tour du tronc. Loin de nous la pensée de conseiller la double incision ; nous n'en parlons que comme d'un sujet de comparaison avec l'incision profonde.

21. Il est facile de concevoir également qu'il n'est pas nécessaire , pour rafraîchir la plaie, d'enlever plusieurs pouces de bois en hauteur, comme on le fait dans quelques contrées. Cette opération ayant pour but de déboucher l'orifice des tubes, fermés par le dessèchement de la résine , il suffirait, pour remédier à cet inconvénient, puisque cette solidification est superficielle, d'enlever le plus léger copeau. Des hommes (des gemmiers) très-expérimentés dans cette partie de la culture, prétendent même que c'est en pure perte qu'on attaque vivement les pins ; que , pour fournir beaucoup de résine, leur tronc a besoin d'y être excité de

proche en proche par les incisions, et que, lorsqu'on prend l'incision un peu trop au-dessus de celle qu'on a faite la semaine précédente, il arrive que, la partie étant trop verte (c'est leur expression), ou n'étant pas préparée à cet acte, elle ne laisse suinter la résine que très-lentement, et par conséquent en petite quantité, puisque le desséchement n'en a pas moins lieu quelques jours après.

22. Abandonnons les théories pour les chiffres, et supposons que la circonférence d'un arbre permette d'élever jusqu'à douze pieds seize incisions successives (je ne donne pas ce nombre comme le terme moyen de celles qu'on pratique ordinairement : cette supposition est tout-à-fait arbitraire); admettons en même temps que l'incision s'élève chaque année de six pieds (dans les Hautes-Landes : voyez le mémoire déjà cité à la note de la pag. 10); il s'ensuivra que l'arbre ne fournira de la résine que pendant trente-deux ans, tandis qu'il en fournirait pendant soixante-quatre, et en aussi grande quantité chaque année (21), si on n'incisait que la moitié de cette étendue, ce qui nous paraît encore considérable, ainsi que nous allons essayer de le démontrer.

23. Comme nous l'avons déjà dit, on rafraîchit l'incision tous les huit jours, depuis le mois de mars jusqu'en septembre inclusivement, ce qui fait à peu près trente fois par an ; en accordant un pouce en hauteur pour chacune de ces opérations, on ne parcourrait chaque année qu'une étendue de deux pieds et demi, ce qui permettrait d'opérer pendant cinq ans sur la même incision ; en l'arrêtant à douze pieds six pouces, l'exploitation durerait encore quatre-vingts ans. Maintenant que nous sommes arrivés à ce résultat, il importe de diminuer d'un quart le nombre d'incisions supposées, et de le fixer à douze, comme le terme moyen de celles

qu'on pratique ordinairement : nous aurons donc alors du produit pendant soixante ans ; mais comme il est facile d'enlever un peu moins d'un pouce de bois chaque fois qu'on rafraîchit la plaie, et que, d'ailleurs, on peut élever l'incision à quinze pieds, on pourra la poursuivre pendant six et même pendant sept ans sans craindre que le produit soit moins considérable (21). Cette manière d'opérer ramenerait la durée de l'exploitation à soixante-douze ans dans le premier cas, et à quatre-vingt-quatre dans le second, tandis que trente ans d'une culture plus active suffisent pour détruire une forêt.

24. Nous venons de raisonner dans l'hypothèse où le cultivateur commence à extraire la résine, lorsque la forêt n'a pas plus de trente ans, car s'il attendait que les pins eussent atteint l'âge de quarante-cinq ou cinquante ans, nous oserions promettre une durée double de celle que nous avons assignée à cet arbre précieux, un produit plus abondant, et un accroissement proportionnel. Ainsi, après avoir répandu l'aisance sur dix générations, la vente de ces arbres, énormes pour la plupart, enrichirait encore celui qui serait appelé à en jouir le dernier.

25. Je sais qu'aucun propriétaire de pignadars n'ignore ni les principes que je viens d'exposer, ni les calculs que je viens de faire, dont il a souvent déduit les même conséquences ; aussi est-ce seulement dans l'espoir d'exciter leur surveillance, trop souvent en défaut, que je me suis autant étendu sur ce sujet. Occupés, en général, d'opérations commerciales et de fabrication, ils négligent, pour donner quelques soins à celle-ci, leurs plus chers intérêts, en ne portant pas un œil assez attentif sur les opérations des gemiers qui, appelés à partager le produit, comme dans les autre exploitations agricoles, travaillent l'arbre de manière à en obtenir

autant qu'il peut en rendre. Que leur importe la durée d'une forêt? Lorsque leur cupidité a épuisé dans quelques années celle qui devrait fournir aux besoins des générations futures, ils portent leur hache homicide dans la forêt voisine.

26. Dans les précédens paragraphes, nous avons fait la part de la négligence des uns et de la cupidité des autres; faisons aussi celle de l'intelligence, en racontant comment quelques cultivateurs entendent et pratiquent la culture de cet arbre. La méthode de quelques-uns peut servir de règle, car elle se rapproche des principes énoncés dans le cours de ce chapitre.

27. Dès qu'ils ont entrepris la partie de la culture qui a pour but l'extraction de la résine, il rafraîchissent l'incision de huit en huit jours, en l'élevant d'un peu moins d'un pouce chaque fois. La seconde année, il reprennent l'incision où ils l'ont laissée, et la poursuivent de la même manière, en n'attaquant toutefois que l'aubier. Ces deux années d'exploitation n'élèvent jamais l'incision au-dessus de quatre pieds. C'est une sorte d'épreuve à laquelle ils soumettent le pin, car ils ne le touchent pas pendant les deux années suivantes, afin qu'il revienne, disent-ils, de l'étonnement qu'a dû lui causer cette première attaque. Après ces deux années d'un repos absolu, ils font une nouvelle incision, et choisissent, comme la première fois, le côté le plus développé de l'arbre, pourvu, néanmoins, qu'il ne soit pas trop rapproché de la première incision, à laquelle ils ne touchent plus, bien qu'elle n'ait que trois ou quatre pieds d'élévation. Après avoir opéré pendant cinq ou six ans sur la seconde incision, ils en recommencent une autre au côté opposé, et ainsi de suite jusqu'à ce qu'ils aient fait le tour de l'arbre; auquel cas ils font, s'il y a lieu, de nouvelles incisions sur les parties cicatrisées.

28. Mais il n'y a rien de parfait ici-bas, et ceux qui suivent la meilleure méthode ne sont pas exempts de petites négligences beaucoup plus dangereuses qu'ils ne pensent. Par exemple, lorsqu'un arbre n'est pas droit, comme il est nécessaire en l'incisant de suivre l'inclinaison du tronc (19), il arrive que la résine, attirée par son poids à couler en ligne verticale, s'éloigne de la gouttière et ne tombe pas dans le trou creusé au pied de l'arbre et destiné à la recueillir. Pour remédier à cet inconvénient, les gemiers sont dans l'usage de faire des entailles transversales sur les côtés de l'incision, et d'y introduire de petits copeaux inclinés qui reçoivent la résine et la transmettent de l'un à l'autre, jusqu'à ce qu'étant parvenue à un certain point, où, n'étant plus sollicitée par aucune force à s'éloigner de l'inc'son, elle y revient et ne l'abandonne que pour pénétrer dans le réservoir. Il y a aussi des gemiers qui, pour éviter la peine d'en faire une seconde, ou plutôt pour ne pas perdre la résine dont chaque nouvelle fosse ou réservoir s'imbibe, sont dans le dangereux usage de faire communiquer, par une incision transversale, la nouvelle gouttière avec l'ancienne fosse. Si, dans la première opération, quoiqu'elle manque souvent son but, on se bornait à attaquer l'écorce, il n'y aurait aucun inconvénient à la pratiquer; mais il n'est que trop vrai que, sur ce point, cette partie de l'arbre est réduite à une couche très mince; que, par conséquent, on attaque l'aubier; qu'on rompt la ligne de continuité des tubes qui contiennent la matière, et qu'on s'oppose à l'ascension de la sève par les parties où l'on a fait les diverses sections, et probablement aussi à son absorption, plus tard, dans le sein de la terre par la partie des racines qui correspond directement avec elles. La seconde est bien plus dangereuse et s'explique à peu près de la même manière; aussi, pour éviter à notre lecteur, déjà

bien las de nos répétitions, des détails qui ne différeraient que par la forme de ceux que nous venons de donner, nous le renverrons à commenter le paragraphe **19**.

29..Les propriétaires doivent défendre l'usage habituel de ces deux moyens, car il est facile d'obvier au premier inconvénient en plaçant une petite auge vis-à-vis le point de l'incision qui laisse échapper la résine. Lorsque ce moyen n'est pas praticable, la demi-décortication de la partie voisine de l'incision brusquement arrêtée pourrait être d'un grand secours sans présenter le moindre inconvénient; par ce moyen on détournerait la résine et on l'empêcherait de se répandre. Quant au second, comme les gemiers ont un grand intérêt à le mettre en usage, et qu'il serait presque impossible de les en empêcher sans leur offrir une garantie contre l'absorption des nouveaux réservoirs, ne vaudrait-il pas la peine (on va peut-être rire de ma proposition) de faire construire de petites auges en terre cuite et de les enterrer au pied de l'arbre jusqu'au niveau du sol. De cette manière on ne perdrait pas un atôme de résine, et on l'obtiendrait exempte des parties terreuses qui l'accompagnent dans les ateliers de fabrication, et qui entravent à un point extrême les différentes préparations qu'on lui fait subir avant de la livrer à la consommation. Ces auges ne coûteraient presque rien dans un pays où le combustible n'est pas cher et où la terre argileuse se trouve à quelques pieds au-dessous du sol. On pourrait en même temps construire des couvercles de la même matière, qui couvriraient les auges presque en entier.

30. Enfin, pour terminer tout ce qui a rapport à l'extraction de la résine, nous dirons que les petites fosses sont vidées tous les vingt jours, et que la résine est mise dans des baquets ou auges, placés dans la forêt de distance en dis-

tance, d'où on la retire quatre ou cinq fois par an pour l'apporter dans les ateliers de fabrication, où on la fait tomber provisoirement dans un grand réservoir appelé barque. Dans cet état, on la nomme **résine molle, gême ou gomme molle.**

31. Indépendamment de ce produit naturel, il en existe un autre qui se forme en même temps, et qui n'en diffère que par l'altération que lui a fait subir sa longue exposition à l'air; on le nomme **galipot** ou **barras.** C'est de la gême concrète : elle est en général d'un blanc jaunâtre. On la recueille en hiver, en ratissant avec un instrument de fer les parties de l'arbre auxquelles elle adhère.

32. Il n'est guère possible de séparer cette matière de l'arbre par le procédé du raclage sans enlever un peu de bois; par conséquent, nous devons faire remarquer que les parties dénudées et meurtries peuvent recevoir une fâcheuse impression du froid ; que les pluies peuvent ensuite pourrir les surfaces gelées, et ainsi, de proche en proche, atteindre au cœur de l'arbre. Faites en été, ces égratignures n'auraient, j'en conviens, aucune influence sur l'avenir de l'arbre ; mais en hiver la plus légère blessure peut devenir une plaie mortelle. Mais que peut craindre, me dira-t-on, d'une incision en hiver, un arbre qui est déjà taillé de tout côté? Je dois répondre à cette objection, que toutes ces incisions sont couvertes d'une légère couche de résine qui les protége contre la pluie et la gelée; que cette propriété de la matière résineuse est reconnue depuis long-temps et appuyée sur mille observations. L'aspect de la nature le démontre au premier printemps, où la fragilité des bourgeons est protégée par une substance analogue, et qui ne semble disparaître que lorsque les feuilles ont acquis un tissu assez solide pour résister à l'intempérie. Mais c'est encore à tort que nous

nous sommes adressé cette objection ; personne bien certainement n'aurait pensé à nous la faire , car tous les cultivateurs savent combien cette opération est délicate , et combien
il importe de surveiller ceux qui en sont chargés.

Seconde Partie.

Fabrication des matières résineuses. — De la térébenthine.

33. La térébenthine fournie par le pin maritime est la
moins estimée de celles qui sont répandues dans le commerce ; elle est connue sous le nom de térébenthine de Bordeaux. Quoique le nom de térébenthine convienne parfaitement , et même à l'exclusion de tout autre, à ce qu'on
nomme dans les Landes gême , résine molle, gomme molle ,
l'usage a prévalu , et ce n'est qu'en purifiant celle-ci qu'on
obtient la térébenthine. Cette purification se fait par un procédé fort simple, mais qui a le désavantage de n'être praticable que pendant l'été. L'appareil est une auge ou caisse
à base inclinée , faite en planches de pin et percée de petits
trous dans sa partie inférieure. Exposée aux rayons du soleil, on l'emplit à moitié de résine molle qui, bientôt à
demi liquéfiée par la chaleur, passe pure à travers ces petits trous , et tombe dans un réservoir placé au-dessous de
la partie criblée de l'auge. Débarrassée de tous les corps
étrangers qui l'altèrent ou la déparent, cette matière a une
assez belle apparence, pourvu, néanmoins, qu'on se soit
attaché à purifier celle qui l'est déjà en partie par le repos.
Cependant, nous devons le dire, lorsqu'on la compare aux
autres produits du pin maritime, la préparation de la térébenthine a une bien faible importance ; il n'y a dans les Landes qu'un petit nombre de fabricans qui en préparent habi-

tuellement. Cette sorte d'abandon a fait naître une industrie spéciale, et quelques personnes adonnées aux arts industriels se sont emparées de cette fabrication. Il y en a eu qui, croyant que les térébenthines ne différaient entre elles qu'en raison des procédés mis en usage pour les obtenir, et peut-être aussi dans l'espoir de les substituer, se livrèrent à des expériences suivies pour donner à la térébenthine âcre, amère, opaline et très-odorante du pin maritime les caractères physiques de celle de Venise et de Strasbourg. Malheureusement tous leurs efforts furent inutiles, et nous les plaindrions sincèrement s'ils avaient eu pour but, dans leurs tentatives pour rendre cette production meilleure, l'avantage du pays. Afin d'éviter à ceux qui voudraient se livrer encore à ce genre d'industrie des frais et des essais inutiles, nous allons faire connaître en peu de mots, par leurs principaux caractères, les térébenthines généralement connues. Si ces détails ne les désabusent pas d'un espoir chimérique, ils leur seront néanmoins utiles, car, en leur indiquant en quoi elles diffèrent, ils les aideront à imaginer les moyens d'approcher de la ressemblance.

34. 1.° La térébenthine improprement appelée de Venise est fournie par le mélèze (*abies larix*, Lam.). Elle a plus de consistance et n'est pas amère comme celles des pins en général; elle a une odeur faible et une limpidité parfaite, tandis que celle de Bordeaux est toujours opaline et se fait remarquer par son odeur très-forte.

2.° Celle de Strasbourg est fournie par le sapin en peigne (*abies pectinata*, D. C. Fl. fr.). Il y en a de deux sortes : l'une est transparente et conserve cette qualité; l'autre, au contraire, devient de plus en plus opaque. La première provient des vésicules qui se forment naturellement sur l'écorce, et l'autre est celle qu'on obtient par des incisions faites au

3.º La térébenthine de Boston, que les Anglais préfèrent à celle de Bordeaux, a beaucoup de rapport avec elle, et ne serait pas néanmoins plus facile à contrefaire, si elle pouvait exciter la cupidité, en raison de son odeur plus suave, moins forte, et parce qu'elle est moins amère ; elle provient du *pinus australis* (Wild. sp.).

4.º Celle d'Amérique, enfin, est fournie par le *pinus strobus;* elle est extrêmement fluide, comme toutes les térébenthines qui proviennent des pins à cinq feuilles.

35. Maintenant, nous laisserons aux industriels le soin de faire les mélanges qu'ils croiront convenables pour parvenir à une bonne contrefaçon ; quant à nous, il nous paraît aussi difficile de faire, avec le produit du pin maritime, de la térébenthine qui possède les caractères de celle de Strasbourg, que d'obtenir un sapin d'une graine de pin que l'on sémerait. Nous ne parlons pas de contrefaire les deux dernières, parce que la contrefaçon ne présente aucun avantage, ni celle de Venise, parce que, à part tous les caractères qui la distinguent, une particularité très-remarquable dévoilerait toujours la fraude : c'est la propriété qu'elle possède de se solidifier, lorsqu'on la mêle avec une certaine quantité de soude caustique. Mais si l'on nous demandait de préparer une bonne térébenthine pour être employée dans les arts à préparer des vernis, par exemple, nous la préparerions avec quatre parties de colophane pure et bien transparente, et une partie d'essence qui possédât les mêmes qualités, et non pas avec du galipot et de l'essence, parce que, quoiqu'elle soit d'abord un peu plus belle, cette térébenthine a le grave inconvénient de former un dépôt quelque temps après qu'elle a été fabriquée, ce qui n'arrive jamais à celle qui est préparée avec la colophane. Nous dirons, afin que cette allégation ne paraisse point ba-

sardée, que nous en conservons depuis dix ans dont la trans-
parence n'a pas été sensiblement altérée ; néanmoins, on
peut, avec du galipot, obtenir le même résultat, pourvu
qu'on le soumette à une chaleur modérée pendant un quart
d'heure au moins avant d'y ajouter l'essence, ce qui le replace, au fait, dans la première condition.

36. Si la térébenthine de Bordeaux a des qualités naturelles qui la font rejeter, on peut se convaincre, par la comparaison (34, 2.°), que le mode d'extraction et le peu de
soin qu'on apporte à la recueillir doivent beaucoup contri-
buer à la rendre inférieure aux autres. On doit donc sentir
la nécessité, encore une fois, de remédier à tout ce qu'il
y a de défectueux dans les petits réservoirs, presque tou -
jours creusés dans la terre, le plus souvent pleins d'eau, et
dans lesquels la résine demeure pendant quinze ou vingt
jours exposée à tous les petits désordres de la nature,
pluies, vents, grêle, et autres agens atmosphériques qui
ne peuvent manquer de l'altérer. Nous en dirons autant
des grands réservoirs dispersés dans la forêt. C'est surtout
le contact de l'eau qui est très-préjudiciable à la térébenthine. Cette opinion, cette vérité se démontre elle-même
dans toutes les circonstances où une matière résineuse quelconque en éprouve l'action prolongée, et néanmoins, pour
nous convaincre de la puissance de son action sur la térébenthine, nous avons fait l'expérience suivante. Nous avons
mis dans un petit bocal plein d'eau une boule de térébenthine privée d'une partie de son essence, afin de lui faire oc-
cuper le fond du vase : la boule blanchit peu à peu, et pa-
rut couverte, après quelques mois de contact, d'une couche
épaisse de matière blanche ayant l'apparence d'une substance réduite en poudre ; elle rendit en effet l'eau laiteuse
quand nous agitâmes le vase, et ne se déposa ensuite que

très-lentement. Cette expérience est concluante , et fait voir combien il importe que la matière soit à l'abri de la pluie qui l'altère, non seulement dans sa nature , mais encore qui pour peu qu'elle tombe en abondance , emplit le réservoir, d'où elle la chasse. Il n'est pas rare de voir une pluie d'orage produire cet effet , et faire disparaître dans un instant toute la résine que les pins ont fournie pendant quinze jours.

37. Pour juger sainement des propriétés naturelles de la térébenthine des Landes, de sa valeur réelle, et de l'avantage qu'il y aurait à suivre le conseil que je donne , il conviendrait d'en extraire par un trou pratiqué au moyen d'une large tarière, auquel on adapterait un conduit qui aboutirait à un petit réservoir bien clos. Cette expérience , qui ne coûterait rien à faire sur quelques arbres, ne serait pas sans intérêt pour le pays ; par conséquent , je la recommande aux cultivateurs amis des progrès industriels et agricoles : elle leur démontrera mieux que mes faibles raisonnemens tout ce que peuvent des soins bien entendus sur une culture déjà féconde en heureux résultats.

Distillation de la térébenthine.

38. Ceux qui savent qu'il y a dans les Landes deux sortes de térébenthine ont dû être surpris de voir que nous n'ayons rien dit de la seconde , qui est opaque et grumeleuse ; mais ce n'est pas sans motif que nous avons omis de faire mention d'un produit dont nous devions nécessairement parler à l'article distillation ; tous ces détails nous paraissent si fastidieux à lire une fois, que nous avons jugé à propos , afin d'éviter à notre lecteur le dégoût qu'une seconde lecture doit inspirer, de ne les donner que lorsqu'une nécessité absolue viendrait nous en imposer l'obligation. Le lecteur nous

saura gré sans doute, pour épargner son temps et ne pas lasser sa patience, de nuire à l'ordre et à l'harmonie qui devraient régner dans ce travail. Mais j'ai beau faire, j'ai toujours besoin d'indulgence, et je sens que je dois la réclamer pour cette nouvelle digression.

39. Si la térébenthine fournie par le pin maritime est en pleine défaveur, il n'en est pas ainsi de l'huile essentielle qu'on en retire, avec laquelle aucune espèce ne peut plus rivaliser. Autrefois, on lui préférait celle d'Amérique, parce qu'elle avait une odeur moins forte ; mais l'expérience a démontré que les vernis dans la composition desquels elle entrait n'avaient pas autant de ténacité. Il n'est pas nécessaire de dire que c'est en soumettant la résine molle à la distillation qu'on se procure l'huile volatile, vulgairement appelée essence. Avant de distiller cette matière, il est indispensable de la purifier, c'est-à-dire de la débarrasser de la terre et des débris de végétaux qu'elle contient : l'opération consiste à la faire chauffer dans une grande chaudière jusqu'à ce qu'elle ait atteint un certain degré de fluidité, et à la filtrer à travers un filtre de paille ; ainsi purifiée, elle prend le nom de pâte de térébenthine ou de térébenthine de chaudière (c'est la térébenthine de qualité inférieure dont nous venons de signaler l'existence) ; dans cet état, on l'introduit dans l'alambic, et on la chauffe jusqu'à ce que l'essence qu'on en obtient cesse d'être transparente : alors on lève le chapiteau, on ouvre la défuite, et un ouvrier en chasse le résidu en le poussant vers cette partie de l'appareil au moyen d'un balai trempé dans de l'eau. Ce résidu se nomme brai sec.

Examen de la matière à distiller.

40. La matière résineuse , appelée d'abord résine molle ,

gème, gomme molle, et plus tard térébenthine de chaudière, pâte de térébenthine, est formée de deux principes
distincts réunis par la nature : l'un est liquide et volatil,
l'autre au contraire est solide et fixe. De là le procédé mis
en usage pour les séparer l'un de l'autre, c'est-à-dire la distillation. Ces deux principes sont préexistans dans la matière, et il n'appartient ni à la physique, ni à la chimie,
d'augmenter la proportion de l'essence aux dépens de
l'autre principe constituant de la résine. Cependant on di-
rait que, contradictoirement à cette opinion, quelques fabricans ont poussé leurs vues jusqu'à l'espoir de convertir
toute la résine molle en essence.

Examinons si l'appareil dont ils font usage est propre à
réaliser cette espérance.

Examen de l'appareil distillatoire.

41. On croyait anciennement qu'en faisant chauffer ou
cuire la résine, ce qui s'évaporait était de l'eau, et je ne sais
à quelle époque la distillation de cette matière a été intro-
duite chez nous. Mais il n'est pas nécessaire de jeter de
longs regards en arrière pour voir combien la forme de l'appareil était peu convenable. En effet, c'était une cucurbite
ou chaudière ayant à peu près trois pieds de hauteur (les
plus grandes sur deux de largeur); elle s'arrondissait un
peu sur les côtés de sa partie supérieure, et, arrêtée brusquement, se terminait par un petit collet. (V. la planche,
fig. 1). L'orifice de la cucurbite n'avait pas plus de dix pouces
de diamètre; on y adaptait un chapiteau évasé et aplati à
sa partie supérieure; le bras de celui-ci était fort étroit, et
s'adaptait à un petit serpentin décrivant à peine quatre tours
de spire; ainsi monté et aux trois quarts plein, on chauffait
jusqu'à ce que la matière ne contînt plus d'essence. Long-

temps après , on plaça le serpentin dans une cuve pleine d'eau. Avant qu'on eût apporté ce petit perfectionnement à l'appareil, l'essence arrivait presque bouillante dans le récipient , et je conçois qu'on pouvait avoir raison alors de préférer celle des États-Unis. Pendant plus de vingt ans l'art de la distillation ne fit pas d'autres progrès : ce ne fut que lorsque le prix des matières résineuses prit un peu de faveur. que les fabricans pensèrent à remédier à ce qu'avait de désavantageux la forme de l'alambic. Malheureusement, encore un peu insoucians , et presque complétement étrangers aux notions de physique qui auraient pu leur démontrer d'utiles innovations, leurs tâtonnemens ne leur firent pas faire de grands progrès. Cependant, stimulés de nouveau , et de plus en plus, par le prix toujours croissant des matières, leur zèle se mit enfin en évidence ; ils pensèrent surtout à éviter la perte de l'essence et à l'obtenir en grande quantité , comme le produit le plus précieux. On aurait de la peine à se figurer tous les moyens imaginés pour parvenir à mieux faire; je passerai sous silence , dans la crainte de blesser quelques susceptibilités , les différentes modifications qu'on a fait subir à l'alambic depuis quelques années, car il n'y a pas toujours eu progression , et celui du jour fit souvent regretter celui dont on se servait la veille. Nous dirons néanmoins qu'on est parvenu à lui donner une forme assez convenable (au chapiteau surtout), mais qui nous paraît susceptible de recevoir d'utiles modifications , ainsi que nous le démontrerons bientôt. Pour donner plus de poids à notre démonstration et pour être mieux compris, nous allons préalablement exposer les principes ou règles à observer dans toute distillation, et les propriétés des vapeurs.

*Règles à observer dans les distillations en gén'ral , et
propriétés physiques des vapeurs.*

41. 1.º Dans toute distillation , il y a au moins deux conditions principales à remplir : la première consiste à favoriser l'ascension des vapeurs , et l'autre à hâter leur condensation par le refroidissement. Parlerai-je d'économiser le combustible ?

2.º La vapeur peut passer à l'état liquide par la compression ; ainsi , en supposant qu'on pût , par un moyen mécanique , diminuer de moitié la capacité d'un vase rempli de vapeur , ou d'un chapiteau d'alambic , par exemple , la moitié de la vapeur serait réduite à l'état liquide.

3.º La vapeur occupe un espace immense , comparé à celui qu'occupait le liquide d'où elle provient , de manière qu'un pouce d'essence liquide occupera un espace d'environ deux mille pouces lorsqu'elle aura été réduite en vapeurs , volume qui augmentera encore avec la température ;

4.º La formation des vapeurs est toujours en raison directe de la surface qui les fournit ; ainsi , un pied cube d'eau , toutes choses étant égales d'ailleurs , ne sera pas plus vite évaporé que quatre pieds cubes du même liquide , si ceux-ci sont étendus sur une surface quatre fois plus grande que l'autre.

Il est bon de savoir aussi que l'action soutenue d'une chaleur , même modérée , altère sensiblement , et de plus en plus , les matières organiques qui y sont soumises.

43. Il faut conclure de ces principes qu'il est nécessaire que la matière à distiller présente une grande surface ; que les vapeurs ne soient pas comprimées ; que l'opération soit prompte ; que le fourneau soit construit de manière à ce que toute la chaleur du bois soit employée à chauffer la matière.

44. Ceux qui ont donné plus d'évasement à la cucurbite n'ont pas satisfait à la première condition, car ils n'ont seulement pas agrandi en proportion le diamètre des cercles qui réunissent les deux parties de l'alambic. Ceux qui ensuite se sont occupés de refroidir la vapeur parvenue dans le bras du chapiteau, ont espéré faire quelque chose pour remplir la seconde, et n'y sont pas parvenus. Ceux enfin qui ont adopté les chapiteaux à gouttière sont les seuls, à notre avis, qui aient travaillé pour le progrès, car ils se sont rendus maîtres des vapeurs liquéfiées dans cette partie de l'appareil, produit qui, d'après l'ancien système, retombait dans la cucurbite.

45. Qu'il nous soit permis maintenant de formuler notre opinion, en disant que l'appareil distillatoire dont on se sert aujourd'hui n'est pas convenable (car il ne remplit aucune des conditions énoncées plus haut et sans lesquelles il n'y a pas de bonne distillation possible); que l'étranglement prolongé de l'alambic au point de jonction du chapiteau et de la cucurbite rend à peu près nulles les modifications qu'on lui a fait subir, et le replace, pour les inconvéniens, à côté de celui dont on se servait autrefois.

46. Afin de fixer le crédit que mérite l'opinion que nous venons d'émettre, suivons la marche de l'opération. Que se passe-t-il quand la chaudière est remplie aux deux tiers, et que, l'appareil étant convenablement disposé, on chauffe la matière pour en extraire l'essence? Il ne tarde pas à s'en dégager des vapeurs qui, s'élevant de toute la surface, rencontrent nécessairement les parois supérieures de la chaudière sur lesquelles elles se condensent et d'où elles tombent, soit directement, soit en ruisselant, pour s'élever de nouveau, et pour retomber encore en partie. Il n'y a guère que les vapeurs qui s'élèvent du centre correspondant en ligne verticale avec l'orifice de la chaudière, qui pénètrent dans le chapiteau ; là, une partie se fixe sur ses parois ; l'autre est entraînée vers le bras, et la masse entière ruisselle vers le serpentin, où elle se refroidit. Cependant la chaleur du fourneau augmente ; la matière, dont l'évaporation augmente la densité, s'échauffe de plus en plus ; l'air atmosphérique contenu dans l'appareil, déjà très-raréfié, finit par disparaître presqu'entièrement ; les vapeurs dont il modifiait les propriétés occupent seules tout l'espace, et les phénomènes qu'elles présentent coïncident avec les caractères signalés au paragraphe 42. Chassées avec une sorte de fureur d'une surface considérable, elles sont encore arrêtées et comprimées par les parois supérieures de la cucurbite. La compression augmente à la fois la température et la vitesse ; les vapeurs qui échappent à son action condensatrice se précipitent vers le chapiteau, mais elles sont de nouveau comprimées à leur passage dans le col de l'alambic, et, par conséquent, en partie liquéfiées. Ces phénomènes comprennent toute la durée de l'opération, et il en résulte que la matière subit un grand degré de chaleur, que l'action du calorique se prolonge, d'où résulte encore perte de temps et de combustible.

47. Mais il ne suffit pas de dire et de prouver qu'on fait mal ; ce qu'il importe le plus, c'est d'enseigner à mieux faire. Les simples notions que je possédais de la partie de physique qui se rattache à ce sujet, m'avaient fait remarquer depuis long-temps la grande disproportion qu'il y avait entre le chapiteau et la cucurbite, et je fis enfin, il y a quelques mois, une expérience comparative, dans le but de confirmer le raisonnement et de dissiper tous mes doutes ; car fort souvent les théories

ne sont bonnes qu'à émettre des vœux que l'expérience ne peut réaliser. Je fis donc construire deux alambics d'égale contenance : l'un avait la forme de ceux dont on fait usage aujourd'hui (voyez la pl., fig. 2), et l'autre celle de la figure suivante (fig. 3). Je maintins pendant une heure, dans l'un et dans l'autre, la même quantité d'eau bouillante, et j'eus le plaisir de voir, à la fin de l'opération, que celui-ci avait fourni autant de produit dans l'espace de trente-cinq minutes que l'autre dans une heure. Je conclus naturellement, puisque le liquide présentait la même surface dans les deux alambics, que, dans le premier (fig. 2), les vapeurs avaient été arrêtées, refroidies, liquéfiées ou comprimées avant de parvenir dans le chapiteau. Je ne m'arrêtai pas à cette expérience : je distillai de la pâte de térébenthine, et j'obtins le même résultat.

48. On trouvera, peut-être, cet inconvénient assez minime pour se dispenser d'apporter à l'alambic la modification que je dois proposer; car, dira-t-on, le combustible ne coûte presque rien, et nous avons le temps d'employer une heure à une opération qui exige à peine trente minutes, puisque nos ateliers chôment pendant une partie de l'année. C'est fort bien; mais ce n'est pas à économiser le temps et le combustible que je pensais, quand j'ai dit que la distillation devait être rapide : j'ai voulu dire seulement que, l'action soutenue du calorique altérant la résine, il était important d'en atténuer l'effet par la promptitude de l'opération. Je ne saurais le répéter assez de fois.

49. Si le calorique n'altérait pas, ne changeait pas la nature des substances organiques qui sont soumises à son action, et particulièrement de la résine, tous les fabricans d'essence obtiendraient le même résultat à un peu plus ou un

peu moins de temps près ; les anciens eux-mêmes, avec l'appareil peu ingénieux dont il faisaient usage (voyez fig. 1), auraient obtenu un produit aussi abondant que les fabricans d'aujourd'hui, car, à force de temps et de combustible, ils seraient parvenus à chasser toute l'essence contenue dans la matière. Est-il nécessaire d'ajouter des raisonnemens à cette observation, pour prouver que la matière résineuse est altérée, dans l'un de ses principes au moins, par l'action soutenue de la chaleur ?

50. Soumise à cette action, l'huile essentielle change en partie de nature ; elle se résinifie, et acquiert par conséquent une fixité qu'elle ne peut plus perdre qu'en se décomposant de nouveau, décomposition qui la transforme en un corps que nous signalerons bientôt. Il y a une expérience bien simple que tout le monde peut faire, et qui nous semble propre à jeter un grand jour sur la question qui nous occupe ; la voici : il s'agit de prendre une petite quantité d'essence bien pure, de la mettre dans une soucoupe, et de l'abandonner à l'influence atmosphérique. Cette essence va diminuer et épaissir peu à peu, et sera réduite, après quelques semaines, en une pâte qui peut représenter jusqu'au quart de la masse employée. La quantité de ce produit dépend entièrement de la température ou du temps que la matière a mis à s'évaporer. On conçoit que plus l'action est lente, plus le produit est considérable. Cette pâte est d'une limpidité parfaite, et possède d'ailleurs les propriétés des térébenthines en général.

51. Ce qui se passe à l'air libre, à la température de l'atmosphère et dans l'espace de quelques semaines, est le même phénomène qui a lieu dans la chaudière, avec la différence seulement que l'essence, dans ce dernier cas, se résinifie aux dépens de l'oxigène de la résine, qui perd en

même temps une proportion d'hydrogène : la perte de ces deux élémens augmente la quantité du carbone, autre partie constituante de la résine : aussi le résidu acquiert-il de la couleur. Mais il n'est pas nécessaire de recourir à des expériences ou à des raisonnemens qui en tiennent lieu pour expliquer ce phénomène ; l'aspect des arbres couverts de galipot démontre clairement que cette opinion, appuyée d'ailleurs sur une foule d'observations comparables, ne manque pas de fondement ; car il ne faut pas croire que ce soit seulement la chaleur du soleil qui, évaporant l'essence, réduise la matière à l'un de ses principes ; l'air a aussi une grande part dans cette solidification.

52. On conçoit enfin combien il importe que l'opération soit prompte, et qu'il faut pour cela que les vapeurs, dégagées en abondance, ne soient ni comprimées ni arrêtées dans leur marche. Pour obtenir ce double résultat, il ne suffit pas d'augmenter le diamètre des cercles qui réunissent la cucurbite et le chapiteau, ainsi que l'évasement de celui-ci : il faut aussi que la cucurbite soit construite de manière à donner une grande surface et peu d'épaisseur à la matière à distiller, car nous avons vu que la formation des vapeurs est toujours en raison directe de la surface qui les fournit. Il nous semble qu'il n'y a pas de meilleure manière de résumer ce que nous venons de dire sur la distillation de la térébenthine, que de donner le plan d'un appareil qui ne contredise aucune des règles énoncées dans le cours de ce chapitre, et nous ne saurions mieux faire que de proposer l'adoption de celui qui a servi à faire l'expérience comparative dont nous avons parlé, et dont le résultat a été si concluant et si satisfaisant à la fois.

53. Si nous ne craignons pas de trouver beaucoup de contradictions aux théories que nous venons d'appliquer à

l'art de distiller la résine, il n'en est pas de même des dif-
ficultés que va présenter d'abord à quelques-uns la cons-
truction et l'emploi de ce nouvel appareil. Que d'objections
vont s'élever ! Je suis bien éloigné de les prévoir toutes. Où
trouver, dira-t-on, des ouvriers qui voudront mouler et fon-
dre des cercles de trois ou quatre pieds de diamètre ? Une
fonte de cette dimension doit nécessairement coûter fort
cher. Que de perfection il faudrait dans leur enchâssure,
pour qu'il n'y eût pas une perte considérable pendant la
distillation ! Quelle difficulté à soulever ces énormes chapiteaux, pour introduire la matière à distiller dans l'alambic et
en chasser le résidu ! Je chercherais vainement de nouvelles
objections contre l'emploi de cet appareil ; aussi, je vais
répondre immédiatement à celles-ci, me réservant de combattre avec autant d'avantage celles qu'on voudrait m'adres-
ser plus tard. D'abord, il n'est pas nécessaire de placer des
cercles au point de jonction des deux parties de l'appareil ;
on peut les faire faire de manière à ce qu'ils suivent l'inclinaison du chapiteau, et les placer à la hauteur indiquée par
la ligne *a* (voyez la fig.). Mais, dans le cas où l'on aime-
rait mieux faire de l'appareil deux parties naturellement
distinctes, je ne crains pas de dire qu'il y aurait moins de
perte, toutes choses égales d'ailleurs, dans l'emploi des
cercles de quatre pieds qu'avec ceux qui n'ont que quinze
pouces, parce que, dans le premier cas, la pression ou la
tension de la vapeur étant presque nulle, elle ne serait pas
forcée, comme dans le second, à trouver des issues, et à
s'en faire même par l'explosion ou la rupture de l'appareil.
L'application des cercles à la partie supérieure du chapiteau
dispenserait d'une forte mécanique pour le lever. On peut
enfin combattre toutes ces objections en disant qu'il est facile de supprimer les cercles ; de ne faire de l'appareil qu'un

tout indivisible , et d'y introduire la matière à distiller par un conduit de quelques pouces de diamètre , placé dans la partie supérieure ou latérale.

Examen critique de la manière dont est conduite la distillation.

54. La purification de la résine molle a beaucoup occupé l'esprit des fabricans, et cependant ils la font encore chauffer dans une chaudière très-évasée et peu profonde. Ce n'est pas qu'ils n'aient fait de nombreux essais pour éviter la perte qui résulte de cette méthode peu théorique d'opérer ; mais, toujours peu satisfaits des résultats, ils sont revenus dans l'ornière creusée par vingt générations. En effet, cette chaudière a la forme de celles dont on se servait pour faire cuire la résine à l'époque où l'on croyait que sa consistance demi-liquide était due à la présence de l'eau : triste et funeste héritage accepté par la routine, et qui enlève au pays un dixième de sa fortune annuelle !

55. Il nous paraît pourtant bien facile d'imaginer un appareil qui prévienne cette perte. Nous possédons depuis long-temps le plan de plusieurs machines applicables à cette opération ; mais il ne faut pas trop se flatter : il arrive trop souvent que les plans qui paraissent réunir toutes les conditions pour mener une opération à bonne fin manquent leur but, et entraînent les industriels à des dépenses onéreuses. Arrêtés par ces deux motifs, nous n'en avons fait exécuter aucun. Ne pouvant, par conséquent, rien préciser à leur égard, nous nous dispenserons de les décrire ; nous dirons, néanmoins, que si nous étions livrés à ce genre d'industrie, nous n'hésiterions pas un instant à perfectionner selon nos vues cette partie de l'appareil. La filtration de

la résine liquéfiée occasionne aussi une perte assez considérable, et il ne serait pas moins utile de la faire à l'abri
du contact de l'air que de faire chauffer la résine en vase
clos. Si quelque fabricant désire se livrer à de nouvelles
expériences pour atteindre ce double but, nous trouverons
un véritable plaisir à lui faire part de nos projets et à
lui expliquer les théories sur lesquelles ils sont assis.

56. Mais pourquoi cherche-t-on, à grands frais, à remédier à un mal qu'il serait si facile de prévenir? Que les
cultivateurs adoptent les petits réservoirs et leurs couvercles en terre cuite, et ils obtiendront la résine exempte
d'impuretés; que les fabricans, qui ont un si grand intérêt à rendre leurs opérations faciles, accordent ou pro-
mettent d'abord, pour les y encourager, des primes à ceux
qui leur fourniront la résine recueillie de cette manière,
et le problème de la purification sera bientôt résolu; car
ils pourront alors introduire la matière dans l'alambic sans
lui faire subir de préparation préalable, et ne la filtrer,
s'il est nécessaire, qu'après l'avoir distillée.

57. Immédiatement après avoir filtré la résine molle, on
l'introduit dans l'alambic et on entretient dans le fourneau
un feu des plus actifs; mais on n'arrête plus l'opération,
comme autrefois, au moment où le produit cesse d'être trans-
parent, et c'est mal à propos que nous l'avons dit au paragraphe 39. Aujourd'hui on poursuit la distillation, malgré
ce signe non équivoque de la décomposition du résidu.
Dès-lors, ce n'est plus de l'huile essentielle pure qu'on
obtient, mais un mélange de celle-ci et d'huile empyreumatique ou pyrogénée (huile fixe). Le défaut de transpa-
rence est le moindre inconvénient que présente cette qualité
d'essence, car elle se clarifie assez vite par le repos; le
plus grave est d'être moins pénétrante, et de ne se des-

sécher que très-lentement dans les vernis ou les couleurs dont elle fait partie : ils happent encore long-temps après qu'ils ont été appliqués sur les boiseries. Cette allégation a été vérifiée par un grand nombre d'ouvriers, et nous avons lieu de croire que le commerce ne tardera pas, s'il ne l'a déjà fait, à se plaindre de l'infériorité de ce produit comparé à celui qu'on préparait naguère. Il est fâcheux que les fabricans ne veuillent pas se rendre compte de la défaveur que peut emmener sur tous les produits résineux du pays l'altération d'une seule matière. Ils s'imaginent sans doute, pour la plupart, qu'il n'y a que les pins de Landes qui puissent fournir des matières résineuses ; qu'on ne peut s'en procurer ailleurs, et que partout, comme dans le Nord de l'Europe, la résine contenue dans les pins ne peut en être extraite qu'à l'état de goudron, en raison de sa consistance épaisse ; mais qu'ils y pensent sérieusement : la Syrie possède des forêts de pins dix fois plus considérables que les nôtres, et qui présentent encore plus d'avantage pour ce genre d'exploitation ; elle réclame à grands cris des mains capables d'introduire chez elle la culture du pin telle qu'elle existe chez nous. Toute l'Europe connaît les nombreuses et utiles applications que peuvent recevoir les divers produits résineux. L'Angleterre et la France surtout, qui en a multiplié les usages à l'infini, en couvrira bientôt les terrains favorablement situés, et nous devons craindre que la Vendée, la Bretagne et le Maine ne s'emparent un jour de cette culture. Dès le premier jour, aussi instruits que nous sur la fabrication, leur industrie naissante deviendra l'heureuse rivale de la nôtre, si nous négligeons des soins qui doivent nous assurer une supériorité acquise déjà par le temps et l'habitude des relations. Ne laissons pas désirer au commerce des produits meilleurs que ceux que nous pouvons lui fournir ; que la pensée de prendre ailleurs des productions que notre pays lui fournit depuis long-temps, ne lui soit pas suggérée par notre négligence ou notre cupidité ; ne trompons pas les industries tributaires de la nôtre qui ont besoin d'essence de térébenthine pure, et non d'un mélange d'huile empyreumatique, de résine et d'essence ; perfectionnons au contraire nos procédés : que l'essence possède ce caractère franc qui en fait un produit si précieux, de dissoudre les résines, de se mêler aux huiles chargées de couleurs, et de les abandonner pures sur les boiseries en s'évaporant et en pénétrant dans le bois ; que le brai ne soit pas friable et trop sec, parce qu'alors il ne peut servir qu'à faire de mauvaise résine, ou qu'à être décomposé en noir de fumée, ou en gaz hydrogène pour l'éclairage. Pourquoi faut-il que ce soit à une des plus merveilleuses applications qu'on ait faites de cette matière que nous devions la triple altération de l'essence, de la résine jaune et du brai sec ?

58. La culture du pin et la fabrication des matières résineuses est pleine d'avenir. La pureté de celles-ci en multipliera les applications. Sans parler de l'espoir qu'un de nos industriels a conçu de faire subir à la résine une modification qui lui donnera l'apparence de la cire, et la rendra aussi propre à l'éclairage qu'elle-même, nous devons espérer que toutes les grandes cités adopteront un jour le système d'éclairage au gaz, et que, par conséquent le prix de la résine augmentera de plus en plus, car elle est, de tous les corps qui peuvent servir à cet usage, celui qui, à l'exception de la houille et de l'eau dont on vient de nous menacer, présente le plus d'avantage. Espérons que la complication du procédé pour préparer le gaz provenant de l'eau, assurera long-temps la suprématie au brai sec.

Préparation de la résine jaune.

59. C'est avec le brai sec qu'on prépare la résine jaune ; on mêle à cet effet cinq parties de cette matière, trois parties de galipot, et de l'eau en quantité variable, quelquefois tenant en suspension une espèce d'argile jaunâtre, le plus souvent pure. Voici le procédé généralement suivi : En sortant de l'alambic, le brai sec est conduit dans une auge ; comme il conserve un grand degré de chaleur, on y jette le galipot en proportion double de celle que nous venons d'indiquer, et on facilite la fusion en agitant le mélange dans tous les sens. Quand le galipot est fondu, on laisse la matière en repos jusqu'à ce qu'on ait obtenu le résidu d'une seconde distillation, qu'on conduit dans la même auge ; on brasse de nouveau ce mélange, et on le passe à travers un filtre de paille placé au dessus d'une autre auge. C'est alors qu'on y introduit l'eau par petites portions, et qu'on la divise également dans toute la masse, en brassant fortement et d'une manière soutenue. Enfin , on profite du moment où la résine a un degré de liquidité qui lui permet encore de ruisseler, pour la répandre sur un conduit incliné qui est dirigé vers des trous de forme circulaire et aplatie , pratiqués dans le sable, où elle se moule en masses qu'on nomme pains, et dont le poids s'élève de 150 à 160 livres. On en fait aussi, mais plus rarement, qui pèsent au moins 125 kil. La proportion du galipot et celle de l'eau varie presque dans chaque fabrique ; mais, en général, on y introduit autant qu'on peut de celle-ci. Mais il ne sera plus possible bientôt de décrire avec exactitude, car chaque jour on apporte quelques changemens aux procédés ; ainsi il y a maintenant beaucoup de fabricans, et leur nombre augmente chaque jour, qui, au lieu de mêler au brai le galipot

tel que la culture le fournit, le soumettent préalablement
à la distillation, comme la résine molle. La résine jaune est
fragile, odorante ou inodore, suivant qu'elle est grasse ou
épuisée, opaque vue en grandes masses, et d'une couleur
plus ou moins vive, suivant la quantité de barras qu'elle
contient.

60. La préparation de la résine jaune ne donnera lieu
qu'à une simple observation, phénomène de tous les jours
que chacun explique à sa manière tant dans sa cause que
dans ses résultats, pour en tirer parti ou par ignorance :
nous voulons parler de l'action du froid. En hiver les pins
de résine se brisent s'ils ne sont garantis de la gelée ; cette
circonstance assez fréquente est toujours en raison directe de
la quantité d'eau contenue dans la matière ; il est donc nécessaire, pour éviter cet inconvénient, d'en diminuer la proportion en hiver. Mais il ne faut pas croire que la gelée
altère la résine en elle-même : c'est sur l'eau seulement que
son action se porte. Ceux qui connaissent les phénomènes
de la congélation de l'eau, et qui savent par conséquent,
qu'en passant à l'état solide elle occupe un plus grand espace
qu'à l'état liquide, soit par l'arrangement des molécules,
soit parce qu'à un degré inférieur de température elle laisse
échapper l'air atmosphérique qu'elle tient en dissolution,
expliquent facilement ce résultat. Comment, en effet, une
matière naturellement fragile pourrait-elle résister à une
force qui ne connaît point d'obstacles et qui fait éclater le
bronze et les roches les plus dures ?

Du goudron.

61. Nous n'indiquerons pas la méthode suivie dans les
Landes pour extraire le goudron, parce que nous n'avons
pas l'intention de toucher à un procédé qui est à peu près le

même partout, qui a reçu la sanction des siècles, et que beaucoup d'écrivains célèbres ou recommandables nous ont transmis comme un dépôt sacré auquel ils n'ont pas osé toucher eux-mêmes autrement que par la comparaison.

62. L'art d'extraire le goudron remonte aux temps historiques les plus reculés. Le goudron est sans contredit le plus anciennement connu et le plus utile de tous les produits résineux; aussi fixa-t-il de tout temps l'attention des historiens naturalistes. Pline pour l'Europe, et avant lui Théophraste et Dioscoride pour l'Asie; Aëtius, Rai, Linné, plus tard, Duhamel, Michaux, Eric Juvelius et d'autres dont nous n'avons pas les noms présens (excepté celui de Darracq, parent vénéré dont nous ressentons chaque jour plus vivement la perte), ont décrit complètement ou en partie les procédés de fabrication de ce produit dans les pays qu'ils ont habités ou connus. Quant à son introduction dans les Landes, tout nous porte à croire que c'est aux Basques, peuple éminemment navigateur, que nous la devons, et que l'origine de cet art chez nous remonte à peu près au temps où cette colonie vint se fixer dans le pays qu'elle occupe.

63. Le goudron n'est autre chose que la matière résineuse contenue dans le bois, extraite et altérée par le feu. Soumis à la distillation, le goudron fournit les trois dixièmes de son poids d'huile essentielle. Cette huile est extrêment acide, et conserve l'odeur et en partie la couleur du goudron. Une seconde distillation lui enlève la majeure partie de sa couleur, mais lui laisse son odeur pénétrante d'empyreume. Il est facile de la dépouiller presque complètement de sa couleur, en la distillant une troisième fois sur du charbon animal, avec lequel elle aurait été préalablement mise en contact. Quant à l'odeur intolérable qui la fait rejeter, qui ne permet pas de la mêler à l'essence

ordinaire dans la proportion d'un vingtième, et dont la ténacité est à l'épreuve du temps, nous n'avons pu l'en débarrasser avec assez d'économie, pour espérer un résultat satisfaisant d'une nouvelle industrie, qui créait un débouché facile et très-avantageux aux goudrons de qualité inférieure. Espérons que des mains plus habiles que les nôtres termineront convenablement ce que nous n'avons su qu'entreprendre.

64. On se demande encore dans les Landes si les goudrons du Nord valent mieux que les nôtres. Le vulgaire ne veut pas convenir de cette supériorité, mais les personnes raisonnables expliquent la différence par celle des matériaux employés; d'autres ne veulent pas convenir que cette préférence soit légitime, et accusent le commerce de déprécier notre produit, pour l'obtenir à plus bas prix. Quant à nous qui cherchons la vérité et qui la préférons à nos propres intérêts, nous croyons devoir nous ranger à l'avis des premiers, et conseiller néanmoins, pour accomplir notre but, un essai, afin de vérifier s'il ne serait pas possible d'obtenir du pin maritime un goudron semblable, ou d'aussi bonne qualité, que celui qu'on retire en Suède du *pinus sylvestris* et du *pinus tœda*. On pourrait faire cette expérience sans presque rien changer à la culture, ainsi qu'on va le voir par l'exposé de la préparation préalable qu'on fait subir aux pins. Nous emprunterons ce procédé au savant mémoire d'Eric Juvelius, auquel nous devons déjà quelques notions sur ce sujet; ce procédé, le voici : « Vers le milieu de mai, les Sué-
» dois procèdent à la décortication des pins; la sève, alors
» abondante, facilite cette opération. L'on dépouille l'arbre
» avec une doloire jusqu'à la hauteur d'un homme ou plus,
- » sans entamer l'aubier, et en laissant toujours, le long du
» tronc, du côté du nord, un rayon d'écorce. L'été venu, la

» chaleur du soleil fait suinter abondamment la résine, qui
» recouvre alors toutes les parties du tronc. L'écorcement
» fait par un tems chaud et un vent méridional, fournit
» plus de résine que celui pratiqué par un vent du nord. »
On pourrait faire cette expérience et pratiquer cette opération sur les pins à l'époque du second éclaircissage, ou at-
tendre quelques années de plus, si à cet âge les pins ne pou-
vaient encore fournir assez de goudron pour indemniser des
frais de ce genre d'exploitation. Il serait facile de savoir alors,
par la comparaison des deux espèces, si celui des Landes peut
rivaliser avantageusement avec celui du Nord, ou si la différence tient à celle des arbres d'où provient l'une et l'autre.

65. Quoi qu'il en soit, le goudron est toujours très-pro-
pre aux usages auxquels on l'applique ordinairement, lorsqu'il colore l'eau ou la salive en rose ; celui qui rend l'eau
laiteuse est de mauvaise qualité et doit être rejeté.

66. On purifie le goudron en le maintenant à l'état liquide au moyen d'une douce chaleur ; les matières terreuses
se précipitent ; l'eau et l'acide pyroligneux s'évaporent. Il ne
serait peut-être pas indifférent, afin de saturer une grande
partie de l'acide qu'il retient toujours, d'y mêler, en commençant cette purification, une certaine quantité de craie
divisée en fragmens de grosseur telle qu'ils pussent y de-
meurer suspendus pendant quelques heures, et ne se déposer
qu'après avoir traversé lentement toute la masse.

67. Pour compléter cette notice, il nous resterait au
moins à entrer dans quelques détails sur la préparation
des autres matières résineuses, car nous n'avons encore fait
connaître que la gemme ou résine molle, le galipot, la térébenthine, l'essence, le brai sec, la résine jaune, l'huile pyrogénée, que nous n'avons fait qu'indiquer, parce qu'il ne
nous appartient pas de faire connaître un produit qui est

devenu la base d'une industrie spéciale et brevetée, le goudron et son huile essentielle ; mais les autres produits étant d'une faible importance comparative, nous bornerons ici notre tâche; ce que nous pourrions en dire d'ailleurs ne serait que le résumé de détails mille fois reproduits dans beaucoup d'ouvrages, et serait nécessairement sans intérêt ; or le plagiat n'étant aimable pour nous que lorsqu'il peut devenir utile aux autres, nous en affranchirons notre plume humiliée d'y avoir eu bien souvent recours pour parvenir au but qu'elle espérait atteindre.

Imprimerie de GUIZONNIER aîné et LATOUR fils, à Bordeaux.